조리원리및실험실습

김영인 · 김나영 · 한경선 공저

도서출판 신 성

머 리 말

건강을 유지하고 식생활의 질적인 향상을 도모하기 위해서는 식품 자체에 포함되어있는 중요한 성분이나 영양소의 손실을 적게하여 이것을 보다 효율적으로 이용할 수 있는 맛이 좋은 음식을 위생적으로 조리하여야 한다.

이러한 식품의 조리는 과학적인 실험실습을 통해서만이 가장 합리적인 조리방법을 확보할 수 있다.

이 책은 대학에서 식품영양 및 조리과학을 전공하는 학생들에게 조리이론의 원리와 실험실습을 통하여 조리할 때 일어나는 각종 성분의 변화와 조리가공 중에 나타날 수 있는 여러 가지 반응, 그리고 관능검사 등을 통한 조리과학의 전반적 내용을 다루는 교재로 사용하기 위해서 집필되었다. 이 책을 통하여 이 분야에 관심 있는 사람들과 전공하는 학생들에게 보다 실질적으로 도움이 되는 조리원리에 근거한 실험실습서가 되기를 바란다.

끝으로 이 책을 출판하는데 여러 가지로 도와주신 모든 분들께 감사드리며 신성출판사 신동수 사장님께도 감사를 드린다.

개정판을 내면서

저 자

◀◀ 목 차 ▶▶

조리원리 의의 및 실험실습목적

조리는 식품을 소재로 하며 먹을 수 있는 음식으로 만드는 과정이다. 이 과정에서 식품의 물리화학적 구조를 이해하고 성분의 종류와 성질에 관하여 연구하여 조리조건이 이들 성분에 어떻게 영향을 미치는지에 대해 과학적으로 원리를 설명하는 것이 조리원리이다. 조리를 대상으로 여러 가지 현상과 법칙을 확립하는 학문으로 조리목적과 조작의 과정과 결과의 평가에 대해 원리를 찾아내고 체계적으로 이해하는 것이다.

여기서 조리의 목적과 평가는 식품의 기호성을 높여 식품의 외관을 아름답게 하고 향미를 좋게 하며 각종 식품을 조합하여 균형된 영양을 섭취할 수 있도록 하고 나아가 식품의 부패를 막고 독성을 제거하여 식품의 안정성을 높이는데 기여할 수 있어야 한다.

이와 같이 조리원리는 실생활에 적용되는 실천과학일 뿐 만 아니라 응용과학이므로 이론과 실험실습을 병행해서 학습해야한다.

이러한 조리과학을 체계적으로 연구하기 위해서는 관능검사가 필요하고 실험결과를 확인하기 위한 물리·화학적 실험도 필요하다. 그리고 조리현상에 객관성을 부여하기 위해서는 측정결과에 대한 순위와 토론을 통한 서술적 기술이 필요하다.

따라서 식품을 조리할 때나 가공할 때 나타나는 여러 현상을 실험을 통하여 물성학적, 화학적, 관능적 측면에서 다각적으로 관찰하여 이해하고 평가하면서 스스로 결과를 검토하고 정리할 수 있는 연구 자세를 길러 나가는 것이 무엇보다 필요하다고 하겠다.

조리과학의 연구방향

조리과학(Science of cooking)이란 음식을 만들 때 식품에 함유되어 있는 영양소를 최대한 살리면서 유해성분을 제거하고 열과 노력을 최대한 줄이면서 현재 행해지고 있는 조리방법 중 바람직하지 못한 것은 개선하고 새로운 기술을 도입하여 조리 시 식품의 특성을 최대한 이용하여 합리적인 조리방법을 연구하는데 그 의의가 있다.

1. 영양적 손실이 없도록 조리법을 연구한다.

식품에 따라서는 열이나 산, 알칼리 등에 파괴되는 성분도 있고 물이나 기름 등에 용해되는 성분들이 있으므로 주의해야 한다. 조리할 때 일어나는 식품 성분의 물리학적인 변화를 검토하여 영양소의 손실을 줄이는 것이 합리적인 식생활 관리의 지름길이다.

2. 식품의 색을 유지하도록 해야 한다.

조리 시 식품의 색은 변색될 수 있으므로 가능한 한 유지할 수 있는 조리방법을 선택해야 한다.

푸른색의 엽록소(Chlorophyll)는 열이나 산에 의해서 누렇게 변하며 알칼리나 금속염에 의해서 안전한 녹색을 유지한다. 선명한 녹색을 유지하기 위해 소금이나 중조를 넣어주고 반드시 뚜껑을 열고 데쳐 서 휘발성 유기산에 의한 황변을 막기도 한다.

적황색의 색소인 카로티노이드계(Carotenoid) 색소는 지용성이므로 기름에 의하여 용출되며 산화에 의해 퇴색된다.

무색이나 미색의 플라보노이드계(Flavonoid) 색소는 산이나 열에는 안정하나 알칼리성에서는 녹색 또는 황색으로 변한다.

청자색 계열의 안토시안계(Anthocyan) 색소는 산에는 더욱 붉은 색으로 알칼리에서는 청색 또는 자색으로 변한다.

이와 같이 식품의 색은 조건의 변화에 따라 변색될 수 있으므로 조리조건을 잘 선정하여야 한다.

실험실습 주의사항

1. 실험을 시작하기 전에는 실험의 목적과 내용에 따라 관찰해야 할 사항을 충분히 이해한 후 실험에 임하도록 한다.
2. 실험결과 및 관찰내용 등을 기입할 수 있도록 연습장과 필기도구, 계산기, 자 등을 준비한다.
3. 실험 전에는 손을 깨끗이 씻고 실험복을 착용하며 실험에 필요한 기구나 기기 및 재료 등을 사용하기 편리한 곳에 정리해 둔다.
4. 실험은 안전하고 위생적으로 실시해야하며 특히 유리제품은 파손되기 쉬우므로 안전한 장소에 놓고 취급에 주의한다.
5. 공동실험을 하는 경우에는 실험순서를 고려하여 역할을 분담하고 각자 맡은 일을 책임 있게 수행한다.
6. 주어진 실험조건(온도, 시간, 시료의 양 등)을 정확히 지키도록 한다.
7. 실험 결과를 빠르고 정확하게 그리고 상세하게 기록하는 습관을 가지도록 한다.
8. 실험 중에 관찰한 사항, 실패한 일, 예상과 다른 결과 등은 참여한 전원이 함께 검토하고 고찰내용을 기록 할 수 있게 한다.
9. 실험이 끝난 후에는 모든 기구나 기기 및 식기류를 깨끗이 씻어 물기를 제거하고 제자리에 정리한다.
10. 실험대와 개수대는 깨끗이 닦고 사용한 의자도 제자리에 정리한다.
11. 수도, 가스, 전원 등을 점검한다.

제 01 장

계 량

품 명 \ 계량기	tea spoon 5ml	table spoon 15ml	cup 200ml
물, 초, 술	5(g)	15(g)	200(g)
간장, 요리술	6	18	230
버터, 지방	4	12	180
소 금	5	15	210
설 탕	2.5	7.5	120
granule 당	4	12	170
밀가루(박력분)	3	8	100
된 장	6	18	230
카레가루	2	7	85
후 추	3	8	100

일정한 모양과 재현성이 있고 합리적인 조리를 하기 위해서는 식품의 계량과 온도와 시간을 정확하게 구하는 것이 중요하다.

식품의 중량은 저울을 사용하여 측정하는 것이 정확하나 편의상 용량으로 환산하여 계산하는 것도 많다. 용량과 중량과의 관계는 아래와 같다.

저울로 계량할 때는

1. 저울은 안정되고 수평인 곳에 놓는다.
2. 사용 전에 영점에 있는지를 확인하여 맞춘다.
3. 식품은 저울의 중앙에 놓고 정면에서 눈금을 읽는다.
4. 사용 후에는 부착물을 닦아 놓는다.
5. 저울에는 측정 가능한 최대 중량이 표시되어 있으므로 허용치 이상의 식품은 계량하지 않도록 한다.

용량은 계량스푼이나 계량컵을 이용하는데 계량컵의 용량은 200cc로 13.5Ts이며 1Ts은 3ts이 된다.

계량컵은 1컵 내에 $\frac{1}{2}$, $\frac{1}{3}$, $\frac{1}{4}$ 등의 눈금이 표시되어 있는 할편컵(fractionated cup)과 따로 1, $\frac{1}{2}$, $\frac{1}{3}$, $\frac{1}{4}$컵으로 되어 있는 것이 있으며, 계량스푼은 1Ts, 1ts, $\frac{1}{2}$ts, $\frac{1}{4}$ts이 있다.

실험 1. 식품의 목측량과 무게의 측정

[목 적]

1. 일반적으로 사용되는 식품의 재료와 조미료들의 무게의 목측량을 알아본다.
2. 각 식품과 조미료들의 부피와 무게와의 관계를 알아본다.
3. 계량기구의 올바른 사용방법을 익힌다.

[방 법]

1. 각 재료를 1C 또는 1Ts씩 계량컵과 스푼에 담는다.
   담을 때는 먼저 계량용기에 수북이 담은 다음 윗면이 수평이 되도록 직선 spatula로 깍은 다음 저울에 재지 말고 목측량을 생각하여 기록한다.
2. 각 재료들의 실제 무게를 3회 측정한다.
   식품의 무게를 측정할 때는 계량용구에 담은 채 측정하지 말고 다른 용기에 옮겨서 측정한다. 또 계량용구는 한번 사용할 때마다 종이 타월 등으로 깨끗이 닦아서 쓴다.
3. 3회 측정한 것의 평균치를 낸다.

[비 고]

식품은 부피를 재는 것보다 무게를 재는 것이 쉬운 방법이지만, 조리 시에는 조미료는 일반적으로 계량컵이나 계량스푼을 사용하므로 이들의 무게를 알아두는 것이 편리한 방법이다.

가루식품이나 입상식품 등의 중량을 측정할 때는 덩어리 진 것을 두들기거나 눌러 담으면 오차가 생기므로 덩어리가 없는 상태에서 수북이 담은 후 평면으로 깎아 계량한다.

액체식품은 표면장력이 있으므로 가득 담아야 한다.

식 품	분 량	목측량	측정치(g)			평균치	평균중량(g)-목측량(g)
			1회	2회	3회		
쌀	1C						
밀가루	1C						
황설탕	1C						
백설탕	1C						
간 장	1Ts						
된 장	1Ts						
고추장	1Ts						
후 추	1Ts						
버 터	1Ts						
마요네즈	1Ts						

[결 과] **식품의 목측량과 무게의 측정**

〔고 찰〕

실험 2. 고형 식품의 체적 측정

[목적]

고형 식품중 물에 흡수가 잘 되는 것과 잘 되지 않는 것으로 나누어 각각의 특징에 맞는 체적측정법을 이해한다.

[재료 및 분량]

오이, 당근- 물 이용법

빵, 떡, 좁쌀 - 씨앗 이용법

저울, 메스실린더(200㎖), spatula, bowl

[방 법]

· **물 이용 방법**-물에 담가도 체적에 영향을 받지 않는 식품의 경우에 이용한다.

1. 오이와 당근 한 개의 중량을 각각 측정한다.
2. 500㎖의 메스실린더에 200㎖의 물을 붓고 오이와 당근을 각각 넣었을 때 증가한 물의 체적이 그 식품의 체적이 된다.(식품의 크기가 큰 것은 반으로 나누어 한다)

· **씨앗 이용법(채종법)**- 흡수율이 큰 식품에 이용한다.

1. 작은 보울에 먼저 좁쌀을 수북하게 담아 자나 spatula를 이용하여 수평으로 깎은 뒤 좁쌀이 흘러 넘치지 않도록 다른 큰 보울에 담는다.
2. 큰 그릇을 놓고 그 안에 다시 작은 보울에 빵을 담고 위의 큰 보울에 있는 좁쌀을 담은 뒤 남는 좁쌀은 메스실린더를 이용하여 측정하고 이를 빵의 체적으로 한다.

* 씨앗이 사방으로 튀어나가지 않도록 큰 그릇이나 신문지 크기의 종이를 사용하고 메스실린더에 씨앗을 넣을 때는 흔들지 않도록 한다.

[결 과]

<물 이용법>

시 료	중 량 (g)	체 적(mℓ)
오 이		
당 근		

<씨앗 이용법>

시 료	중 량 (g)	체 적(mℓ)
빵		
떡		

〔고 찰〕

실험 3. 침수시간에 따른 건조식품의 흡수율

[목 적]

건조식품의 침수시간 경과에 따른 흡수속도와 흡수율을 비교한다.

[재료 및 분량]

콩 100 개 (20개×5), 팥 100개 (20개×5)

마른 미역 5g, 마른 표고 3장, 당면 5g, 다시마 5g, 무말랭이 5g

[방법 1] 콩과 팥

1. 콩을 20개씩 골라 중량을 측정한 후 3개의 비이커에 넣고 충분한 양의 물을 넣는다- 이때의 물의 온도를 측정한다.

   10분, 20분, 30분 후에 각각의 비이커 속의 콩을 꺼내어 마른 행주로 물기를 닦은 후 중량을 측정하여 흡수 후의 중량비와 흡수율을 계산한다.

   흡수 후의 중량비= 침수 후의 중량／침수 전의 중량

   흡수율(%)= (침수 후 중량-침수 전 중량)／침수 전 중량×100

2. 팥도 같은 방법으로 계산한다.

[결 과]

(수온℃)

식 품	침수후의 중량 변화와 흡수율	침 수 시 간 (분)			
		10	20	30	
콩	침수전중량(g)				
	침수후중량(g)				
	흡수율(%)				
	흡수후 중량비				
팥	침수전중량(g)				
	침수후중량(g)				
	흡수율(%)				
	흡수후 중량비				

[방법2] -미역, 다시마등

1. 미역, 다시마, 무말랭이, 당면은 각각 5g, 표고버섯은 3장의 중량을 정확히 측정하여 비이커에 각각 넣고 충분한 물을 넣는다.- 이때 넣은 물의 양을 기록한다.

   10분, 20분, 30분 후에 각각의 비이커에 들어있는 식품이 나오지 않도록 주의하면서 비이커에 남아있는 물을 각각 따라 내어 그 중량을 측정 한 후 다음과 같은 방법으로 흡수량과 흡수율을 측정한다.

   흡수량(g)= 처음 첨가한 물의 양- 비이커 속에 남은 물의 양

   흡수율(%)= 흡수량／침수 전 중량×100

[결 과]

(수온°C)

식품	흡수전 중량(g)	흡수량 과 흡수율	침수시간(분)		
			10	20	30
미역		흡수량(g)			
		흡수율(%)			
다시마		흡수량(g)			
		흡수율(%)			
표고버섯		흡수량(g)			
		흡수율(%)			
무말랭이		흡수량(g)			
		흡수율(%)			
당면		흡수량(g)			
		흡수율(%)			

[고 찰]

제 02 장

관능검사방법 및 평가

관능검사(sensory evaluation)란 식품의 품질을 인간의 감각 즉 미각, 후각, 시각, 청각, 촉각의 오감으로 평가하고 그 결과를 통계적인 방법으로 분석하여 신뢰성 있게 판단하는 방법이다.

관능검사는 주관적 평가법으로서 다수의 사람의 감각에 의해 판단하고 통계 처리하는 것이 객관적이다.

관능검사는 먼저 검사의 필요성과 목적을 인식하고 거기에 알맞는 검사방법을 택한 다음 검사원 집단을 구성하여야 하며 검사원들은 시료를 평가하고 그 결과를 실험의 목적에 적합하게 작성된 질문지에 기입하는데 여기서 얻은 결과를 집계, 분석하여 결론을 얻게 되는 것이다.

관능검사의 방법

1. 2점 비교법

2개의 시료를 A,B를 주고 어느 쪽이 좋은가, 싫은가, 맛이 강한가 약한가를 평가하도록 하는 것이다.

2. 2, 3점 비교법

2점 비교법을 수정한 것으로 한 개의 시료를 먼저 평가하게 한후 두 개의 시료를 동시에 제시하고 그 두 개 중 어느 것이 먼저 제시한 것과 같은 가를 묻는 평가방법이다.

3. 순위법

여러 개의 시료를 제시하여 시료의 품질특성의 강도나 기호에 대해서 순위를 정하는 방법으로 간단하므로 가장 이용하기 쉬운 방법이다.

4. 평점법

여러 개의 시료를 제시하고 각 시료의 평가항목에 대한 척도를 제시하여 특성이나 기호를 평가시키는 방법이다. 즉 매우 좋은 것은 5점, 매우 나쁜 것은 1점으로 평가척도를 제시하여 평가하게 하는 방법이다. 어느 실험이나 다양하게 이용할 수 있을뿐 아니라 비교적 간단하고 통계처리가 하기 쉽기 때문에 많이 사용되는 방법이다.

관능검사의 조건

1. Panel의 구성

관능검사는 감각이 일정하지 않고 기호가 다른 인간을 측정의 주체로 하기 때문에 신뢰성이 높은 결과를 얻기 위해서는 관능검사 방법에 따라 적당한 panel의 수와 종류를 선택할 필요가 있다. 즉 관능검사 방법에는 시료간의 특성의 차를 판정하는 식별시험법과 기호도를 조사하는 기호시험법이 있는데, 식별시험법에서는 경험이 있거나 훈련에 의해 식별능력이 있는 panel이 필요하고, 기호시험법에는 경험이나 훈련이 필요하지는 않으나 식별검사법에 비해 많은 수의 panel이 필요하다.

2. 환경

방음, 항온, 조명, 급수, 배수 등의 시설이 갖추어져 있는 것이 바람직하다. 관능 검사실은 밝고 쾌적하며 냄새나 자극 또는 심리적인 장애 요소가 없어야 한다. 즉 검사실 내에는 검사원 각자가 서로 표정을 보거나 말을 할 수 없도록 칸막이를 설치하여 독자적인 평가가 가능하도록 하여야 한다. 또한 한 가지 시료를 맛본 후 다음 시료를 맛보기 전에 입안을 헹구어야 하므로 급수와 배수 시설도 갖추어야 한다.

실험 1. 조미방법을 달리한 오이피클의 관능평가

[목 적]

식초와 설탕의 양을 달리하여 오이피클을 제조하고 그 맛과 특징을 평가한다.

[재료 및 분량]

표준재료	비교재료
오이 소금, 식초, 설탕	물 200㎖, 사과식초 40㎖, 설탕 30g -A 물 200㎖, 현미식초 40㎖, 설탕 30g -B 물 200㎖, 양조식초 40㎖, 설탕 30g -C 물 200㎖, 사과식초 50㎖, 설탕 40g -D 물 200㎖, 현미식초 50㎖, 설탕 40g -E 물 200㎖, 양조식초 50㎖, 설탕 40g -F

[방 법]

1. 오이는 씻은 후 8등분하여 소금물(물 2C+소금 1/2C)에 30분 정도 담그었다가 건진다.
2. 위의 소금물을 끓이면서 속에 오이를 넣었다 건져내는 작업을 8번 이상 하여 무르지 않도록 한다.(집게 , 둥근체 이용)
3. A~.B의 조건에 따라 물과 식초, 설탕을 혼합하여 조미액으로 5

분간 끓인 후 식힌다.

4. 병조림 병에 오이가 잠기도록(긴 것은 2등분한다) 위의 조미액을 부은 후 뚜껑을 하고 찜통에서 10분간 열탕하여 보관한다.
5. 시일이 경과한 후 관능 평가한다.

[결 과]

시 료	색	맛	질 감	기호도
A				
B				
C				
D				
E				
F				

[고 찰]

실험 2. 향신 건강식품을 첨가하여 만든 사과잼의 관능평가

[목 적]

사과잼과 사과잼에 마늘 및 향신건강식품을 첨가하여 만든 잼의 기호적인 특성을 관능 평가하여 본다.

[재료 및 분량]

사과 , 마늘, 설탕(사과 양의 30%) - 흰설탕과 황설탕의 비교

사과 100% + 흰설탕 - A

사과 + 마늘 1T(5알정도) + 흰설탕 - B

사과 + 생강가루 1T + 흰설탕 - C

사과 100% + 황설탕 - D

사과 + 마늘 1T(5알정도) + 황설탕 - E

사과 + 생강가루 1T + 황설탕 - F

[방 법]

1. 사과는 무게를 잰 후 잘 씻어 껍질을 벗기고 강판에 간다.
2. 마늘은 잘 씻어 잘게 썬 후 절구에 빻는다.
   (생강은 가루를 이용한다)
3. 냄비에 사과 또는 사과와 마늘을 비교시료의 조건별로 졸이면서 사과의 30%의 양의 설탕을 3~4회로 나누어 넣는다.

4. 마지막 설탕을 넣을 때 강한 불에서 저으면서 끓인다.
5. 적당히 졸여지면 식힌다.
6. 이때 A와 같은 농도로 졸여지는 시간을 모두 측정하고 당도계로 당도를 측정한다.

[결 과]

흰설탕/ 황설탕	졸여지는 시 간	당도계 측정치	농 도	맛	전반적 기호도
A					
B					
C					
D					
E					
F					

[고 찰]

제 03 장

쌀과 밀가루

곡류는 70%내외의 탄수화물을 함유하고 그 대부분은 전분이며, 이 외에 dextrin, pentosan, 당분, 섬유 등을 함유한다. 쌀의 소비형태는 주로 95%가 모양 그대로 소비되나 밀은 전부 가루로 이용하는데, 그 이유는 쌀은 간단히 도정이 되나 밀은 표피가 단단하여 배유부분의 도정이 쌀보다 곤란하기 때문이다. 그래서 마쇄하여 배유부분만을 취하여 가루로 만들어 이용한다.

전분 분자들은 수소결합을 통해 여러 개의 미셀(micelle)을 형성하고, 이 미셀이 모여서 층(layer)을 이루고, 이 층이 모여서 전분입자(starch granule)를 형성한다. 포도당의 사슬일부가 규칙적으로 배열된 부분과 불규칙적인 부분이 혼합되어 있는데 규칙적인 배열을 한 부분을 미셀이라고 하고 이 부분은 물도 들어갈 수 없이 치밀한 구조로 되어 있다. 이런 미셀구조를 갖는 전분을 생전분(β-starch)이라고 하고 생전분은 그대로는 효소작용을 받기 어려워 소화가 안되므로 미셀구조를 느슨하게 하여 소화가 잘 되게 하기 위해 생전분에 물을 넣어 가열하면 전분입자는 팽윤하고 가열에 의해 물 및 전분입자의 운동이 활발하여 미셀구조의 간격이 넓어져 이 사이로 물이 침투하는데 이것을 전분의 호화라고 한다. 전분의 호화(α화)는 가열온도가 높을수록, 전분입자의 크기가 작을수록, 수침시간이 길수록, 가열시 첨가하는 물의 양이 많을수록 쉽게 진행된다.

α화된 전분을 방치하면 원래의 전분구조로 가까워지는데 이 현상을 노화(β화)라고 한다. 노화된 전분은 맛이 없고 소화효소의 작용도 받기 어렵게 되는데 온도가 낮을수록 수분함량이 적어질수록 노화속도는 증가한다.

밥 짓기는 쌀에 물을 부어 가열하고 조리가 끝난 후 타지 않도록 하면서 물을 완전히 흡수시켜 부드러운 호화상태의 쌀 입자를 얻는 것으로 수세(水洗), 침지(浸漬), 가수량(加水量), 첨가물의 pH, 가열의 조건에 의해 식미(食味)가 크게 좌우된다. 일반적으로 멥쌀은 여름에는 30분, 겨울에는 90분 정도가 되면 20~30%의 물이 흡수되어 최대흡수량이 된다. 맛있는 밥의 수분은 65%전후로 중량은 쌀의 2.2~2.4배로 물의 첨가량은 쌀 중량의 1.2~1.4배와 증발량 10%를 합해서 1.5배이고 용량으로는 1.2배이다. 쌀 이외의 부재료를 첨가하는 경우에는 부재료에 함유되어 있는 수분의 양과 함유되어 있는 수분이 가열에 의해 쉽게 빠져 나오는지의 여부에 따라 물 첨가량을 고려하여야 한다.

가열시간은 쌀의 양, 기온, 화력 등에 따라 차이가 있으나 쌀에 함유되어 있는 전분의 완전 호화를 위하여 충분히 높은 온도가 유지되어야 하며 가열은 온도 상승기, 끓이는 시기, 쪄지는 시기, 뜸들이는 시기를 지난다. 특히 맛있는 밥을 짓기 위해서는 뜸들이기를 고온으로 일정하게 유지시켜 주어야 하는데 10~15분 정도가 좋다. 뜸들이기가 끝난 후에도 그대로 방치하면 수증기가 물방울이 되어 밥알에 떨어져 밥맛이 없게 되고, 또 너무 지나치게 보온상태가 지속되면 밥은 약간 건조한 상태가 되어 역시 맛이 떨어진다.

밥맛은 물의 pH와도 관계가 있어서 pH7~8의 물은 밥맛이나 외관이 매우 좋고 산성이 높아질수록 밥맛이 나빠진다.

밀은 쌀과 더불어 중요한 곡식이지만 대부분 제분하여 밀가루로 이용되고 있고 밀가루는 물을 넣고 반죽했을 때 글루텐을 형성하는 단백질을 함유하고 있다. 즉 밀가루에 50~60%의 물을 첨가하여 반죽하면 밀가루에 존재하는 글리아딘(gliadin)과 글루테닌(glutenin)이 물과 결합하여 3차원 망상구조의 글루텐이 형성된다. gliadin은 부드럽고 달라붙는 성질이 있어 점성을 주고, glutenin은 잡아당겨도 잘 늘어나지 않을 정도로 탄력이 강해서 글루텐에 탄성을 준다. 이런 점탄성이 있는 덩어리를 도우(dough)라고 하고 빵이나 국수류의 반죽덩어리이다. 이 때 가수량이 많아 유동성을 가지면 batter라고 한다. 도우를 흐르는 물 속에 주물러서 그 속의 전분을 씻어버리면 글루텐이 남게 된다. 이것을 습부(wet gluten)라고 하고 105℃ 정온(定溫)에서 항량에 도달할 때까지 건조한 것을 건부(dry gluten)라고 한다.

글루텐이 형성되는 정도는 밀가루의 종류와 반죽의 정도에 따라 다르다 그러므로 만들려고 하는 음식의 종류에 따라 밀가루의 종류와 반죽의 방법을 달리해야 한다.

밀가루의 종류는 글루텐 함량에 따라서 강력분, 중력분, 박력분으로 나뉜다.

• 강력분(hard wheat flour)

글루텐 함량이 13~16%이며 경질밀로 만든다. 이 글루텐의 성질은 강한 탄력성과 점성을 가지고 있으며 수분 흡착력이 강하다. 따라서 반죽은 많이 부풀게 되며 식빵 제조에 사용된다.

• 중력분(all purpose flour)

글루텐 함량이 10~13%로 강력분과 박력분의 중간이며 여러 가지로 사용된다. 단백질의 점탄성과 수분흡착력도 강력분과 박력분의 중간 정도이다.

• 박력분(soft wheat flour)

글루텐 함량이 8~10%이고 연질밀로 만든다. 점탄성이 약하고 수분흡착력도 약하여 케잌이나 과자류 제조에 사용된다.

밀가루를 이용하여 제빵제조를 할 때 부재료에 대한 것을 살펴보면 다음과 같다.

• 지방은 불용성이므로 글루텐 표면에 얇은 막을 형성하여 그물형성을 방해하게 되므로 연한 제품을 만든다. 또한 식빵이나 빵의 표면에 갈변효과를 주기도 하며 가열시 팽창의 효과도 가져다준다.

• 설탕은 적당량 첨가하면 글루텐이 연화되고 yeast에 의해 탄산가스가 쉽게 생성되어 밀가루 반죽이 잘 부풀게 된다. 제품에 단맛을 부여해 주고 적당한 갈색과 향기를 부여한다.

• 계란은 난황의 유화성으로 포함된 지방을 유화시켜 조직이나 질감을 좋게 하며 제품의 색과 맛 등을 좋게 한다.

• 소금은 적당량 사용했을 때 글루텐의 강도를 높여주고 맛은 향상시킨다. 그러나 과량 사용하면 글루텐이 질겨진다.

• 밀가루 제품에 첨가하는 액체는 소금과 설탕, 베이킹파우다의

용매 역할을 하고 Co_2 형성을 촉진하여 가열시 steam을 형성하여 전분을 호화시킨다.

• 팽창제(leavening agent)는 생물적 팽창제의 Co_2 가스, 공기, 수증기와 baking powder, yeast등의 화학적 팽창제가 있는데 이들은 밀가루 제품을 팽창시키고 부풀게 한다.

실험 1. 쌀의 수분흡수율 및 중량과 부피와의 관계

[목 적]

멥쌀의 시간에 의한 흡수율을 측정하고 중량과 부피와의 관계를 알아본다.

[재료 및 분량]

멥쌀 150g

[방법 1]

1. 멥쌀을 10g씩 5개의 비이커에 담고 물을 40㎖씩 부어서 불린다.
2. 이것을 10분, 30분, 50분, 60분, 90분간 침수시킨 후 즉시 꺼내서 받치게에 받쳐 물을 뺀 후 마른 헝겊에 쏟아 물기를 한번 눌러 닦은 후 중량을 잰다.
3. 이것의 각 시간별의 흡수율을 측정한다.

   흡수율= [(불린 쌀 중량- 마른 쌀 중량)/(마른 쌀 중량)] ×100

[결 과]

쌀의 수분흡수율(%)

(온도 ℃)

침수시간 \ 쌀	10분	30분	50분	60분	90분
멥 쌀					

[방법 2]

1. 멥쌀 100g을 실린더에 넣고 두드려서 밑면이 평평하게 하고 그 눈금을 읽는다.→ A
2. 쌀을 꺼낸 후 물 100㎖를 부은 후에 다시 쌀을 넣고 물의 눈금을 읽는다.→B
3. 마른 쌀의 진부피를 측정한다.

   A는 마른 쌀100g의 부피이며, B-100㎖는 마른 쌀의 진부피이다.

   즉 진부피= B-100㎖ →C
4. 실린더 안의 쌀을 꺼내어 여러 번 씻어 물을 맑게 해서 B와 같은 눈금까지 물을 붓는다
5. 30분 침수시킨 후 물의 윗면 눈금(D)을 읽고 체에 받쳐 물을 뺀 후 , 쌀의 부피(E), 쌀의 중량(F)을 측정한다.
6. 30분 침수시킨 후의 진부피를 산출한다.

   30분 불린 쌀의 진부피 = D-100㎖ → G

7. 중량에 의한 흡수율(%) = (F-100／100)×100

8. 부피에 의한 흡수율(%) = (E-A／A)×100

9. 진부피에 의한 흡수율(%) = (30분 불린 쌀의 진부피-마른 쌀의 진부피／마른쌀의 진부피)×100

[결 과]

쌀의 중량과 부피와의 관계

항 목		쌀
마른쌀의 중량(g)		100
마른쌀의 부피(ml) : A		
물을 100ml 부은후의 윗눈금 : B		
마른쌀의 진부피(B-100ml) : C		
90분간의 침수후	중량(g): F	
	부피(ml) : E	
	진부피(ml) : G	
중량에 의한 흡수율(%) : $\frac{F-100}{100} X\ 100$		
부피에 의한 흡수율(%) : $\frac{E-A}{A} X\ 100$		
진부피에 의한 흡수율(%) : $\frac{G-C}{C} X\ 100$		

〔고 찰〕

실험 2. 물의 pH에 따른 밥맛의 비교

[목 적]

밥을 지을 때 사용하는 물의 PH에 따라 밥의 상태가 어떻게 달라지는지를 비교 관찰한다.

[재료 및 분량]

A 쌀 100g + 물 150㎖

B 쌀 100g + 물 150㎖ + 식초1T

C 쌀 100g + 물 150㎖ + 중조(소다)1t

D 쌀 100g + 물 150㎖ + 소금1t

E 쌀 100g + 물 150㎖ + 기름1T

F 쌀 100g + 물 100㎖ + 우유50㎖

→ pH 측정 후 → 밥짓기

[방 법]

1. 쌀을 100g씩 6군으로 나누어 잘 씻은 후 각각 30분간 침수시킨다
2. 각각의 물의 양을 쌀의 1.5배인 150㎖로 한다
3. A는 물만 넣고 B~F는 밥물에 조건별로 첨가 한다
4. 각각의 밥물의 pH를 측정한 후 밥짓기를 한다
5. 각각의 밥의 색, 윤기, 냄새, 맛을 비교한다.

[결 과]

시료 / 항목	밥물의 pH	색	윤기	냄새	맛
A					
B					
C					
D					
E					
F					

[고 찰]

실험 3. 밀가루의 첨가물에 따른 반죽의 글루텐의 함량과 탄력성 비교

[목 적]

밀가루 반죽 시 첨가하는 재료에 따라 반죽의 탄력성을 비교한다.

[재료 및 분량]

밀가루 50g

물 30㎖ → 30번 반죽 → 200℃ Oven 15분 굽기

첨가물

[방 법]

1. 강력분 50g에 물을 25~30㎖를 붓고 빨리 뭉친 후 30번 다시 반죽한 다음 양손으로 잡아 당겨 탄성을 비교한 후 글루텐을 채취한다.-A
2. 아래의 표와 같이 소금 1t(B), 설탕 1T(C), 식초 1t(D), 소다 1t(E)을 각각 넣고 빨리 뭉친 후 30번 다시 반죽한 다음 양손으로 잡아 당겨 탄성을 비교한 후 글루텐을 채취한다.
3. 글루텐을 채취한 후 물기를 짜내고 함량을 측정하여 wet gluten의 포함율을 측정한다.

4. 각 비교군의 글루텐을 200℃의 오븐에서 10분간 구워낸 후 식으면 칼로 반을 잘라서 내부구조를 관찰한다.

[결 과]

시 료	처리방법 (첨가물)	반죽의 탄력성	구운후의 색	구운후의 크기	구운후의 gluten의 내부구조
A	없음 (control)				
B	1t소금				
C	1T설탕				
D	식초1t				
E	소다1t				

[고 찰]

실험 4. 지방 첨가에 따른 비스켓의 연화효과

[목 적]

비스켓 제조 시 반죽에 첨가되는 지방의 양에 따라 제조된 비스켓의 외관, 질감, 맛이 어떻게 달라지는지 알아본다.

[재료 및 분량]

표준재료	비교재료
박력분 1C, 소금 $\frac{1}{4}$ts B.P $1\frac{1}{2}$ts, 우유 $\frac{1}{4}$C	버터 1Ts(A), 기름 1Ts(D) 버터 2Ts(B), 기름 2Ts(E) 버터 3Ts(C), 기름 3Ts(F)

[방 법]

1. 밀가루를 체로 친후 1컵씩 계량하여 3개의 볼에 담고 베이킹 파우더 $1\frac{1}{2}$Ts, 소금 $\frac{1}{4}$ts씩 섞어 다시 체로 친다.
2. 밀가루에 각각 버터 1Ts(A), 버터 2Ts(B), 버터 3Ts(C), 기름 1Ts(D), 기름 2Ts(E), 기름 3Ts(F)을 넣은 다음 나이프를 이용하여 버터를 잘게 자르며 밀가루와 고르게 섞는다.
3. 우유 $\frac{1}{4}$컵씩을 넣고 포크로 한 덩어리가 되게 뭉친다.
4. 각각의 반죽을 도마 위에 놓고 30초 정도 가볍게 주무른다.

5. 반죽을 약 1.5㎝두께로 밀어 비스켓 cutter로 잘라낸다.

6. 200℃ 정도의 오븐에서 15분 정도 구워낸다.

7. 구워낸 비스켓의 색, 질감, 맛 등을 비교해 본다.

[결 과]

시 료	처리방법 (버터/기름)	색	맛	경 도	풍미(향)
A	1Ts				
B	2Ts				
C					
D	1Ts				
E	2Ts				
F	3Ts				

[고 찰]

제 04 장

서 류

서류는 지하 뿌리 또는 줄기의 일부가 비대해져서 다량의 전분과 다당류를 저장하고 있다. 감자, 고구마, 토란 등이 여기에 속하며 수분이 70~80%, 전분이 17~25%, 기타 칼륨과 칼슘 등의 무기질이 풍부한 알카리성 식품이다.

감자는 당분이나 섬유소가 비교적 적으며 담백한 맛으로 조리에 널리 이용된다. 감자의 성분은 성장함에 따라 수분 및 당분 함량은 감소하며 전분과 단백질 함량은 다소 증가한다. 감자의 전분 함량과 당분 함량은 고구마보다 적어 맛도 덜 달다. 전분입자는 곡물보다 크고 조성은 amylose와 amylopectin의 비율이 2:8로 곡류와 같다. 감자 단백질인 tuberin은 물에 삶을 때 용출되므로 껍질을 벗기지 않고 삶는 것이 좋다.

감자류를 절단하여 방치하면 세포중의 티로신(tyrosin)이 공기와 접촉하여 티로시나아제(tyrosinase)에 의해 산화되고 갈색의 멜라닌(melanin)색소가 생성된다. 감자를 절단하여 물이나 묽은 소금용액에 담그면 절단면이 공기와 접촉되는 것이 차단되고, 또 티로시나아제는 수용성이므로 절단면에서 용출되어 갈변을 막을 수 있다.

감자튀김이나 감자칩을 만들 때의 갈변은 아미노산과 당에 의한 amino-carbonyl reaction으로 특히 저온 저장된 감자에서 일어나기 쉬운데 이것은 저온저장(3~7℃)에서는 호흡작용은 억제되나 당화효소의 활성은 떨어지지 않아 환원당이 증가하였기 때문이다. 그래서 업자들은 제품의 질을 높이기 위해 발아억제제를 사용하여 10~13℃ 온도에 저장하거나 가공 2주일 전에 상온 처리하여 환원당을 감소시켜 포테이토칩을 만들어 제품의 빛깔을 좋게 한다.

또한 감자를 가열한 후 공기 중에 방치하여도 갈변하는 경우가 있는데 이것은 chlorogen산과 철 이온이 복합체를 형성하기 때문이다. 이 변화는 산성 하에서는 일어나지 않으므로 가열 시에 소량의 식초를 넣어도 변색을 방지 할 수 있다.

고구마는 수분을 많이 함유하고 있으며 섬유소가 많으므로 소화기관의 운동을 자극해주고 변비예방에 좋으나 양이 너무 지나치면 가스가 발생된다. 9℃이하에 저장하면 냉해가 있고 18℃이하에서는 발아하므로 13℃내외에서 습도 85~90%수준으로 저장해 주는 것이 좋다. 고구마는 저장 중 전분은 감소하고 당분은 증가하며, carotene은 증가하고 비타민B_1 등은 감소한다. 수확한 고구마에 상처가 생긴 곳에 흑반병균이나 연병균 등이 침입하기 쉬우므로 저장할 때는 curing처리를 하여 저장하는 것이 좋다.

고구마도 잘라 공기 중에 방치하면 갈변하는데 이것은 polyphenol oxidase가 고구마에 함유되어 있는 chlogenic acid를 산화시켰기 때문으로 이 효소는 수용성이므로 물에 담그면 갈변을 방지할 수 있다. 또 chlogenic acid는 알카리와 반응하면 녹색으로 변한다. 가끔 고구마를 이용한 찐빵이나 튀김옷에 중조를 넣으면 고구마 주변이 녹색으로 변하는 경우가 있는데 이 때문이다. 고구마의 변색방지를 위해서는 썬 후 곧바로 물에 담가 공기와의 접촉을 막거나 가열하는 방법과 껍질을 두껍게 깎아 내어 이들 물질이 존재해 있는 관다발을 제거해 주는 방법이 있다.

실험 1. 감자와 고구마의 갈변방지

[목 적]

감자와 고구마는 껍질을 깎아 공기 중에 노출시키면 갈변하는데 이 이유를 이해하고, 갈변을 방지하는 방법을 알아본다.

[재료 및 분량]

감자 2개

고구마 1개

1%의 식초물, 1%의 소금물

[방법 1]

1. 감자를 껍질을 벗기고 1㎝크기의 깍둑썰기로 썰어 3군(A, B, C군)으로 나눈다. A군은 그대로 공기 중에 방치한 군이고, B군은 물 200㎖에 담그고, C군은 1%의 식염수에 담근다.
2. A, B, C군의 10분, 30분, 1시간 후의 감자의 색의 변화를 보고, B, C군은 물의 색을 비교한다.
3. 고구마도 감자와 같이 3군으로 나누어 비교한다.

[결 과]

시 료		10분	30분	1시간 후
감 자	A			
	B			
	C			
고 구 마	A			
	B			
	C			

[방법 2]

1. 감자를 1㎝로 깍둑 썰기하여 3군으로 나누어 썰은 즉시 A군은 200㎖의 물에, B군은 1%의 소금물에, C군은 1%의 식초 물에 각각 삶은 후 감자의 색과 물의 색을 비교한다.
2. 감자를 1㎝로 깍둑 썰기하여 3군으로 나누어 30분간 실온에 방치한 후 A군은 물에, B군은 1%의 소금물에, C군은 1%의 식초 물에 각각 삶은 후 감자의 색과 물의 색을 비교한다.

〔결 과〕

항 목	A군		B군		C군	
	감자의 색	물의 색	감자의 색	물의 색	감자의 색	물의 색
썰은 즉시						
30분 방치 후						

〔고 찰〕

제 05 장

두류 및 제품

두류의 종류는 많으나 크게 대두와 같이 고단백, 저당질의 그룹과 팥이나 완두콩 같이 저단백, 고당질의 그룹으로 나눌 수 있다. 이것들은 성분과 조직의 차이에 따라 조리, 가공상의 용도가 다르다.

콩은 밭의 고기라고 말할 정도로 영양적으로 뛰어난 식품이다. 콩 단백질은 식물성 단백질이나 생물가가 높아서 우수한 단백질 급원 식품으로 우리 식생활에 중요한 위치를 차지하고 있을 뿐만 아니라 경제성도 높다. 그러나 섬유가 단단해서 소화율이 나쁘므로 두부처럼 분쇄해서 소화되지 않는 부분을 제거한 제품, 또는 미생물의 작용으로 조직을 분해시켜서 소화를 좋게 한 장류 등의 가공품이 많이 이용되고 있다.

대부분의 콩은 100%내외의 흡수율을 가지며, 초기 흡수량이 많고

5~6시간 후 흡수는 적어진다.

마른 콩을 충분히 흡수·팽윤시킨 후 가열하면 연화되는데 소요되는 시간을 단축시켜주고 균일한 상태로 연화된다. 그러나 설탕 액에 가열하면 수축한다. 특히 설탕 액의 농도가 높으면 수축은 현저하다. 설탕농도가 높아지면 삼투압이 높아져서 떡잎이 수축되고 단단해지며 껍질에 주름이 생기기 쉽고 광택이 좋아진다. 따라서 설탕을 넣고 조려야 할 때에는 설탕을 2~3회로 나누어 넣던가 물의 분량을 많게 하여 넣는다.

조미료를 첨가할 때는 일반적으로 설탕, 간장의 순서로 넣는다. 간장은 가열에 의해 휘발성 향기성분을 잃어버리게 되므로 향기성분을 남기고 싶을 때에는 가열 시 끝부분에 첨가하거나 일부를 남겨 두었다가 가열 후 첨가해야 한다.

콩은 알카리성 용액에서는 쉽게 연화한다. 콩을 삶을 때 식소다를 넣으면 콩류 단백질의 용해성이 증가하고 콩이 빨리 무른다. 그러나 비타민의 손실이 크므로 첨가하지 않는 것이 좋다.

(1) 두부

두부는 콩을 하루 동안 불리어 연하게 되면 맷돌로 간 다음 물을 넣어 끓이고 보자기에 넣어 콩의 외피 등 찌꺼기를 제거하여 백탁의 콜로이드액의 두유(soybean milk)를 얻는다. 이것을 가열하여 간수($Mgcl_2$ CaCo)를 첨가하여 단백질을 응고시킨 것이다.

이와 같이 두부는 단백질이 풍부하고 지방도 많고 소화율은 95% 이상이며 저렴하기 때문에 우리생활에 많이 쓰이는 식품이다.

(2) 두유(soybean milk)

두유는 단백질과 지질이 물속에 분산되어 우유와 유사한 성분조성을 가졌으며 질 좋은 단백원이다.

두유는 대두를 물에 침적시켜 팽윤되면 마쇄한 것을 끓여 고형분인 비지를 분리한 콩국으로서 여름음료로 애용되어 왔으며 우유에 과민성인 유아용 대용 식품으로 중요한 위치를 차지하고 있다. 현재 다른 나라에서는 우유와 두유를 혼합하여 학교급식에 이용하고 있는데 그 맛도 우수하여 좋게 평가되고 있다.

두유는 우유에 비해서 칼슘 및 비타민A, methionine이 적게 함유되어 있으므로 우유와 섞어 이용하면 영양적으로도 보충이 될 수 있다.

(3) 콩나물

콩나물은 섬유소가 풍부하고 비타민C와 aspartic acid가 풍부하여 변비나 숙취해소에도 효과적이다.

배수공이 있는 통이나 시루 밑에 천을 깔고 콩을 담은 다음 위를 검은 색 천으로 덮어 1일 4~5회 물을 주면 싹이 나오고 5~6일 경과하면 약10cm정도로 성장한다.

콩나물은 수분이 많고 조직이 연하므로 고온으로 단시간 가열하여 표면조직을 연화시킬 정도로 조리하는 것이 탈수를 적게 하고 좋다.

(4) 간장과 된장

재래식 간장은 된장을 분리시킨 액체로 얻게 된다. 종국을 접종시킨 개량메주를 18%식염수에 담그어 단백질과 당질을 분해시키고 유기산 생성균을 증식시켜 된장과 간장의 독특한 맛과 향기가 형성된다.

숙성 후 고형물과 액체를 분리시켜 고형물은 된장으로 액체는 가열하여 효소와 미생물을 불활성화 시킨 뒤 간장으로 얻어낸다.

개량식 된장과 간장 공정을 간단하게 도표화 해보면 다음과 같다.

대두 → 수침 → 가열 → 접종 → 발효
쌀, 보리, 밀 → 수침 → 가열 → 접종 → 발효
→ 혼합

18%식염수에 혼합물을 담금. → 숙성 → 거른다
↗ 고체압착(된장)
↘ 액체(간장) → 가열 → 제품

실험 1. 콩을 삶는 방법

[목 적]

콩을 연하게 삶기 위하여 삶기 전에 침수시키고 삶을 때 물의 pH를 조절함으로써 콩을 잘 무르게 할 수 있다. 그러므로 담그는 물의 pH를 변화시켜서 삶은 콩의 결과를 비교한다.

[재료 및 분량]

콩 3T

중조(1/4ts), 식초(1/2ts)

pH paper 또는 pH meter

[방 법]

1. 콩을 1T씩 3군으로 나눈다.
2. 식초와 중조를 사용하여 물(1C)의 pH를 측정한다
3. 각각의 1T 의 콩을 넣고 20분간 침수시킨 후 약한 불에서 20분간 가열한 다음 각각의 연한정도를 비교하고 충분히 익을 때까지의 소요시간을 비교한다.

[결 과] 삶는 물의 pH와 콩의 무른 정도 비교

항목 / 시료	20분가열후 무른 정도 비교	처음 물의 pH
물 1C		
물 1C+식초(1/2ts)		
물 1C+중조(1/4ts)		

[고 찰]

실험 2. 조미료 첨가방법에 따른 콩조림의 품질특성

[목 적]

조미료의 첨가방법을 달리하여 만든 콩조림의 품질특성을 비교한다.

[재료 및 분량]

검정콩

간장

설탕

[방 법]

1. 검정콩 1컵을 깨끗이 씻은 후 물 2C, 진간장 40mℓ, 설탕 20g을 넣고 약 한 불에서 30분간 조린다.-A
2. 검정콩 1컵을 깨끗이 씻은 후 물 2C을 넣고 10분간 가열한 후 진간장 40mℓ, 설탕 20g을 넣고 20분간 약한 불에서 조린다.-B
3. 검정콩 1컵을 깨끗이 씻은 후 물 2C을 넣고 10분간 가열한 후 진간장 40mℓ를 넣고 10분간 조리다가 약한 불에서 설탕 20g을 넣고 다시 10분간 조린다.-C

위의 3가지 방법으로 만든 콩조림의 품질 특성을 비교 평가하고, 흰콩으로도 비교해 본다.

[결 과]

시료 평가항목	A	B	C
색			
윤 기			
단 맛			
짠 맛			
단단한 정도			
전반적인 바람직성			

※ 자세히 서술하기도하고 순위를 매긴다.

[고 찰]

제 06 장

육류

육류는 동물성 단백질의 주요 공급원이고 인체 단백질의 아미노산 조성과 유사하기 때문에 가장 품질이 좋은 단백질이다. 고기는 풍미와 소화율을 좋게 하고 위생상 안전하게 먹기 위해서 날 것보다는 가열조리해서 먹게 된다.

경직 중의 고기는 가열조리를 해도 연해지지 않고 질기므로 고기를 조리할 때는 반드시 숙성시킨 것을 사용하는 것이 좋다. 동물을 죽이면 산소 공급이 끊어지고 근유조직의 산화, 환원전위가 낮아져서 사후경직이라는 현상을 일으키게 되는데 근육에서 ATP와 결합하고 있는 myosin은 ATP가 분하게 되면서 또 다른 단백질인 actin과 결합하여 actomyosin을 생성하기 때문에 근육의 수축 또는 경직이 일어나게 된다.

육류의 조리방법은 건열법과 습열법의 두가지가 있는데 고기의 부위에 따라 적절한 조리법을 선택하여야 한다. 습열조리법(moist heat method)은 고기에 액체 또는 물을 가하거나 또는 증기로 가열 조리하는 방법으로 이에 속하는 조리에는 탕, 국, 육수, 찜, 장조림 등이 있다. 습열법이 적용되는 것은 결체 조직이 많은 질긴 고기인 사태육, 양지육, 장정육, 중치육, 꼬리, 도가니 등이다. 건열조리법(dry heat method)은 수분이나 액체를 가하지 않고 다만 건열이나 직화로 익히는 방법을 말하며 이 방법에 사용되는 고기의 부위는 운동량이 많지 않은 연한 부위를 택하여야 한다. 결체조직이 거의 없고 얼룩지방이 잘 분포된 고기가 건열조리에 적합하다.

불고기나 갈비구이를 할 때 각종 양념에 무쳐 놓았다 굽는데 양념을 하는 순서에 따라 불고기의 맛과 질감이 달라진다. 설탕, 배즙, 생강즙 등은 근육 내의 효소작용을 활발하게 하여 연화작용을 하므로 우선 이러한 양념에 무쳐 두었다가 잠시 후 참기름을 제외한 다른 양념을 넣고 간이 배도록 한다. 간장에 너무 오래 재워두면 삼투압에 의해 근육 속의 즙액이 용출되어 고기의 질감에 나쁜 영향을 주므로 간장에 무친 후 30분 이내에 굽는 것이 좋다. 참기름은 굽기 전에 넣어 무쳐야지 이를 먼저 넣으면 양념의 염분이 근육 속에 침투되는 것을 방해한다.

탕 및 국에 사용되는 고기는 결체조직이 많은 양지육, 사태육, 꼬리 등이다. 또 사골에 많은 물을 가하여 약한 불로 장시간 끓여서 용해성 성분을 충분히 용출시켜 국물의 맛을 내게 한다. 국물을 만들 때는 일반적으로 고기를 냉수에 넣고 끓이기 시작하는 것이 좋다. 끓는 물에서부터 시작하면 고기의 표면이 먼저 응고하므로 내부 성분의 용출을 더디게 한다. 또 국물을 내기 시작할 때 처음부터 소량의 소금을 넣고 냉수에서 약한 불로 3~4시간 끓이면 희석된 염수가 단백질의 용해를 도우므로 국물의 맛을 향상시킬 수 있다. 짧은 시간 내에 국물을 내고자 할 때는 고기가 물에 접하는 표면적이 되도록 넓어지게 다져서 찬물에 약 30분 가량 담가 두었다가 중불에 끓인다. 고기의 표면적이 넓어 노출면이 많을수록 육추출물의 용출량이 많아진다.

장조림의 고기 부위는 섬유가 길고 결체조직이나 얼룩지방의 함량이 적은 대접살, 우둔육, 쇠악지, 사태육 등이 적합하다. 고기를 큼직하게 토막을 내서 냄비에 담고 물을 고기가 잠길 만큼 부은 후 연해질 때까지 삶아 위에 뜬 기름을 떠낸다. 그 다음에 진간장을 부어서 다시 약한 불로 서서히 조린다. 처음부터 간장을 넣고 조리면 아무리 장시간 끓여도 고기는 연하여지지 않고 더욱 단단해진다.

편육은 사태육, 우설, 업진육, 쇠머리, 콩팥, 장정육, 족 등이 쓰인다. 숙육용 고기를 끓는 물에 넣어 근육표면의 단백질을 먼저 응고시켜 수용성 물질이 육수에 용출되는 것을 최대한 방지함으로서 숙육의 맛을 향상시킬 수 있다. 끓는 물에 넣어 물이 끓기 시작하면 약한 불로 약 3시간 정도 끓여 꼬챙이나 젓가락으로 찔러서 잘 들어

가고 빨간 피가 나오지 않게 되면 건진다. 돼지고기의 편육은 독특한 냄새를 제거하기 위해 생강을 넣는데 단백질의 응고 후에 넣는 것이 효과적이므로 고기가 거의 익은 다음에 생강을 넣는 것이 좋다.

육류의 연화법

1. 기계적 방법

근섬유의 길이를 자르거나 칼질을 하여 가늘게 다지거나 갈거나 하는 방법을 쓴다.

2. 수화에 의한 방법

1) 간장이나 소금을 적당히 사용하면 가열시 수화를 증가시킬 수 있다. 1.3~1.5%의 식염은 단백질의 수화를 증가시켜 가열 중에 중량손실을 적게 한다. 그러나 지나친 염의 첨가는 탈수작용을 일으켜 중량의 손실이 크고 고기가 질기며 또 맛이 없게 된다.
2) pH도 단백질의 수화에 영향을 미치며, 산성에서 수화력이 증가되므로 조리할 때 산을 첨가하여 연하게 만드는 경우가 있다.

3. 숙성에 의한 방법

4. 효소에 의한 방법

파파야, 파인애플, 무화과, 생강 등에는 단백질 분해효소가 들어 있기 때문에 질긴 고기를 연화시킨다.

실험 1. 조리방법에 따른 장조림의 품질 비교

[목 적]

장조림 제조 시 끓이는 방법과 첨가하는 양념의 순서에 따라 품질 특성의 차이를 비교한다.

[재료 및 분량]

표준재료

쇠고기(홍두깨살) 400g, 물 1C, 간장 1C, 황설탕 2T, 후추약간(1t), 참기름 2T

[방 법]

1. 표준재료의 분량을 3군 준비한다.
2. 쇠고기는 2㎝두께, 3×3㎠크기로 썰어서 냄비에 담는다.
   냄비에 고기가 잠길 만큼의 물을 붓고 끓인 다음 고기가 다 무르면 물을 1C만 남기고 따라 낸 후 간장과 기타 양념을 모두 넣고 5분간 조린다. 총 가열시간을 측정한다.- A
3. 쇠고기는 2㎝두께, 3×3㎠크기로 썰어서 냄비에 담는다.
   냄비에 고기에다 간장 1C과 물1C을 섞어 붓고 끓인 다음 고기가 다 무

르면 기타 양념을 모두 넣고 5분간 조린다. 총 가열시간을 측정한다.- B

4. 쇠고기는 2㎝두께, 3×3㎠크기로 썰어서 냄비에 담는다.

냄비에 간장 1C과 물1C, 참기름, 설탕, 후춧가루 등을 냄비에 섞어 붓고 끓기 시작하면 고기를 넣어 끓인다. 총 가열시간을 측정한다.- C

[결 과]

시 료	처리 방법	조리시간 (분)	맛		질긴 정도	색	전반적 바람직성
			고기	간장국물			
A	냉수에서부터 삶은후 양념첨가						
B	간장에 넣어 삶은후 양념첨가						
C	양념간장을 끓인후 고기넣음						

※ 고기의 부위(사태나 양지머리 등)에 따른 품질특성도 살펴볼 수 있다.

[고 찰]

실험 2. 연화제의 종류에 따른 고기의 맛과 질감의 차이

[목 적]

연화제의 사용이 고기의 맛과 질감에 미치는 영향을 알아 본다

[재료 및 분량]

쇠고기 100g × 7, 배즙 1TS, 파인애플 1TS, 와인 1TS, 요구르트 1TS, 식초 1TS,

양념(설탕 2TS, 파 1TS, 다진마늘 1TS, 참기름1TS, 간장1TS, 깨소금1TS, 후추약간)

[방 법]

1. 고기를 적당한 두께로 썰어 다음과 같이 시료를 처리 한다

A : 쇠고기 100g

B : 쇠고기 100g + 배즙 1TS

C : 쇠고기 100g + 파인애플즙 1TS

D : 쇠고기 100g + 와인 1TS,

E : 쇠고기 100g + 요구르트 1TS,

F : 쇠고기 100g + 식초 1TS,

2. 위즙에 고기를 주물러 1시간 정도 방치한다(즙은 거즈로 짜서 사용한다)
3. 즙액을 살짝 짠 후 고기의 기본 양념 1TS을 각각 넣고 주물러 굽는다
4. 표면이 갈색이 될 때 까지 같은 시간과 온도로 가열 한다
5. 고기의 특성은 순위법으로 평가 한다

〔결 과〕

시료	크기	색	맛	냄새	질감
A					
B					
C					
D					
E					
F					

〔고 찰〕

제 07 장

어패류

어패류는 크게 분류하여 어류, 갑각류, 연체류, 조개류 등으로 구분된다. 어류는 지방이 2%이하인 가자미, 도미, 민어, 광어 등의 흰살 생선과 지방이 5%이상인 고등어, 연어, 청어, 송어, 꽁치 등의 유색 생선으로 나뉘고 갑각류는 게나 꽃게, 새우, 가재처럼 외피가 딱딱하고 마디마디가 체절된 구조를 하고 있으며, 연체류에는 문어, 오징어, 해삼, 낙지, 해파리 등이 속하고 굴, 소라, 우렁이, 전복, 바지락, 모시조개, 홍합 등은 조개류에 속한다.

어패류의 주성분은 단백질과 지방이며 수조육류처럼 필수아미노산을 주로 갖고 있어 단백가가 70정도 되는 우수한 단백질 급원식품이다. 또한 필수지방산을 함유하고 있어서 혈액중의 콜레스테롤을 제거하여 동맥경화를 예방하기 때문에 노인 등에게는 더욱 좋은 단백질 급원이다.

어류를 조리하지 않고 날로 먹는 것은 맛이 좋고 담백하며 생선 본래의 맛을 살리는 방법으로는 최고로 알려져 있다. 수조육류와는 달리 생식하는 것이 좋은 이유는 어류의 단백질의 대부분을 차지하는 미오신, 미오겐은 구조가 단단하지 않고 대량의 물과 공존하고 있어서 소화효소가 침투되기 쉬워 소화가 잘된다.

어육을 가열하였을 때 무게가 감소하는 것은 근육이 수축하여 탈수가 일어나기 때문으로 신선한 생선일수록 탈수에 의한 무게의 감소량이 적다. 생선은 평균 15~20%가 가열에 의해 감소되나 오징어, 낙지, 문어 등의 연체동물은 감소율이 높아서 35~40%에 달한다.

실험 1. 어묵의 제조원리와 첨가재료에 따른 평가

[목 적]

어묵의 제조방법을 알고 어묵의 재료를 달리하였을 때 만든 제품의 차이점을 관찰하고, 분쇄기(기계)와 분마기(손)의 차이도 알아본다.

[재료 및 분량]

생선살 60g ×3

식염 1.8g×3

전분 6g×2

식용유 1ts

→ 생선살 측정 후 소금2%, 전분 10%, 식용유를 결정 한다

[방 법]

1. 생선살 60g을 잘게 잘라 분쇄기(분마기)에 넣고 살을 충분히 으깬 다음 소금 1.8g(생선의2%)를 넣고 점성이 생길 때까지 다시 으깬다. 이때 소요되는 시간을 측정해 둔다. - A(A')
2. 생선살 60g을 잘게 잘라 분쇄기(분마기)에 넣고 살을 충분히 으깬 다음 소금 1.8g(생선의 2%)과 전분 6g(생선의 10%)을 넣고

점성이 생길 때까지 다시 으깬다. 이때 소요되는 시간을 측정해 둔다.- B(B')

3. 생선살 60g을 잘게 잘라 분쇄기(분마기)에 넣고 살을 충분히 으깬 다음 소금 1.8g(생선의 2%), 전분 6g(생선의 10%), 식용유1ts을 넣고 점성이 생길 때까지 다시 으깬다. 이때 소요되는 시간을 측정해 둔다- C(C')
4. 둥근 모양으로 빚어 찜통에서 거즈를 깔고 15분간 쪄낸 다음 식힌다.
5. 쪄낸 후의 경도, 단면, 촉감 등을 평가한다.

〔결 과〕

시료	첨가재료	으깬 시간(분)	관 능 평 가				
			경 도	단 면	촉 감	맛	전반적 바람직성
A(A')	소금 2%						
B(B')	소금2% + 전분10%						
C(C')	소금2%+전분10% + 식용유 1ts						

※ 관능검사는 순위를 매긴다.

〔고 찰〕

제 08 장

난 류

달걀은 단백질 급원이고, 분자전체는 구상단백으로 물분자와 공존하고, 구조도 단단하지 않아 익히지 않고 먹어도 소화되지만, 맛과 소화를 더욱 좋게 하기 위하여 가열 조리하여 먹는 것이 일반적이다. 이와 같이 난백의 주요 단백질은 ovoalbumin으로 수용성이며 결정성이 좋고 난황의 주요 단백질은 lipovitellinin으로 이들 대부분은 지질과 인단백질이 결합된 인지질(lipoprotein)로서 물에 대한 용해도가 낮고 유화성을 가진다.

달걀의 응고온도는 가열속도에 따라서 약간 다르지만, 난백은 60℃전후, 난황은 65℃ 전후에서 응고하기 시작한다. 난황은 70℃ 정도에서 쉽게 응고하기 시작하지만 난백은 62~65℃에서 유동성을 잃고, 단단히 응고 하는데는 80℃이상의 온도가 필요하다.

완숙란은 찬물에 달걀을 넣고 끓기 시작하면 불을 약하게 하여 12분정도 삶으면 된다. 삶은 후 찬물에 1분정도 넣었다가 꺼낸 후 껍질을 벗긴다. 끓는 물에서 15분 이상 가열하면 난황의 표면은 암녹색이 된다. 그것은 가열에 의해 생긴 황화제1철 때문이다. 달걀에 함유되어있는 시스테인과 메티오닌의 황(S)때문인데 난백 황은 난황의 것보다 열에 대하여 불안정하다. 난백의 황은 열에 의하여 분해하기 쉬워 황화수소가 되고, 난백중의 철과 결합하여 황화 제1철(FeS)을 생성하기 때문에 암녹색으로 변한다. 황화 제1철의 형성은 달걀을 70℃에서 60분내지 77분 가열하거나 85℃에서 30분내지 35분간 가열하면 거의 형성하지 않는다. 또한 끓는 물에서 15분간 가열 후 빨리 냉각시키면 황화 제1철은 거의 형성되지 않는데, 서서히 식히면 상당한 양이 형성된다. 가열한 달걀을 냉수에 담그면 달걀 표면의 압력이 낮아져 형성된 황화 제1철이 표면으로 나가기 때문이다. 그러나 끓는 물에서 30분 이상 가열하면 아무리 냉수에 즉시 냉각시켜도 황화 제1철이 형성된다.

난백의 기포성은 달걀의 조리에서 중요한 것으로서 달걀이 아니면 가능하지 않은 조리조작이다. 기포성은 식품조리에 다양하게 이용되어 그 역할이 크다. 달걀의 기포성은 여러 가지 요인의 영향을 받는데 일반적으로 기포성을 높이기 위해서는 표면장력이 작고 점도가 낮아야 한다. 난백에 설탕을 첨가하면 기포력은 감소하지만 광택이 있는 안정된 거품으로 된다. 난백의 거품에 설탕을 첨가한 것을 머랭(meringue)이라 하며, 머랭을 만들 때 설탕을 첨가하지 않고 교

반을 시작하여 거품이 안정하게 형성된 다음 서서히 설탕을 첨가하여 거품형성을 완료하면 부드럽고 광택이 있고 안정성이 있는 기포를 형성할 수 있다.

달걀의 유화성은 난황과 난백의 양쪽에서 나타나지만 난황의 유화력은 난백에 비해 훨씬 더 크다. 난황의 지반 유화력은 단백질에 함유되어있는 레시틴(lecithin)이 중요한 역할을 하며 유화를 안정시킨다. 레시틴은 분자 중에 친수기와 소수기를 갖고 있는데 물과 기름을 연결하는 역할을 해서 유화를 안정화한다.

실험 1. 난백거품의 안정성

[목 적]

난백에 여러 가지 첨가물을 첨가하여 거품을 내고 그 거품의 시간대에 따른 안정성을 비교하여 가장 안정한 거품을 만드는 방법을 알아본다.

[재료 및 분량]

달걀 6개

[방 법]

1. 유리 bowl에 난백 25g을 넣고 egg beater로 거품을 내어 보울을 거꾸로 하여도 거품이 떨어지지 않을 때까지 저어주고 그 소요시간을 측정한다. -A
2. 유리 bowl에 난백 25g에 소금 $\frac{1}{4}$ts을 넣고 egg beater로 거품을 내어 보울을 거꾸로 하여도 거품이 떨어지지 않을 때까지 저어주고 그 소요시간을 측정한다. -B
3. 유리 bowl에 난백 25g에 난황 $\frac{1}{4}$ts을 넣고 egg beater로 거품을 내어 보울을 거꾸로 하여도 거품이 떨어지지 않을 때까지 저어주고 그 소요시간을 측정한다. -C

4. 유리 bowl에 난백 25g에 설탕 2ts을 넣고 egg beater로 거품을 내어 보울을 거꾸로 하여도 거품이 떨어지지 않을 때까지 저어 주고 그 소요시간을 측정한다. -D
5. 유리 bowl에 난백 25g을 넣고 egg beater로 거품을 내는데 A의 소요 시간의 반이 되는 시간부터 설탕 2ts을 조금씩 넣으면서 보울을 거꾸로 하여도 거품이 떨어지지 않을 때까지 저어주고 그 소요 시간을 측정한다. -E
6. 유리 bowl에 난백 25g에 우유 1ts을 넣고 egg beater로 거품을 내어 보울을 거꾸로 하여도 거품이 떨어지지 않을 때까지 저어주고 그 소요시간을 측정한다. -F
7. 각 시료들을 완전히 거품이 될 때의 거품의 안정성과 거품의 입자 상태를 비교하고 거품을 실온에 방치할 때 시간경과 후의 상태를 비교한다.

[결 과]

시료	처 리 방 법	소요시간(분)	거품의 상태			시간경과후의 상태		비고
			거품의 크 기	안정성	입자의 상 태	거품의 크 기	안정성	
A	난백 25g							
B	난백25g+소금$\frac{1}{4}$ts							
C	난백25g+난황$\frac{1}{4}$ts							
D	난백25g+설탕2ts (처음부터)							
E	난백25g+설탕2ts (중간부터)							
F	난백25g+우유1ts							

※ 거품의 상태는 순위로서 표시한다.

〔고 찰〕

난백의 거품의 안정성에 대한 설탕, 우유, 난황, 소금의 효과.

실험 2. 달걀찜의 응고효과

[목 적]

달걀찜을 만들 때 첨가물에 따른 달걀찜의 상태를 관찰한다.

[재료 및 분량]

각 조건별로 한다

[방 법]

1. 달걀 두개를 풀어 체에 내린 후 흰자와 노른자를 완전히 잘 섞는다.
2. 각 조건 별로 만든다.
   A : 달걀 2개 + 물 1/2C
   B: 달걀 2개 + 물 1/2C + 소금 1ts
   C: 달걀 2개 + 물 1/2C+ 소금 1ts + 설탕 1ts
   D: 달걀 2개 + 우유 1/2C
   E: 달걀 2개 + 우유 1/2C + 소금 1ts
   F: 달걀 2개+ 우유 1/2C + 소금 1ts + 설탕 1ts
3. 찜통에 물을 넣고 끓이면서 김이 오를 때 시료를 넣고 30분간 찐다.

4. 10분 정도 식힌 후 찜을 큰 접시 위에 엎어놓은 상태로 관찰한다.

[결 과]

시 료	색	맛	응고상태	기공의상태	전반적인 바람직성
A					
B					
C					
D					
E					
F					

※ 각 평가는 순위로서 평가하고, 그 효과는 서술한다.

[고 찰]

소금의 효과 :

우유의 효과 :

설탕의 효과 :

실험 3. 마요네즈의 제조 원리 실험

[목 적]

난황과 전란을 유화제로 한 마요네즈를 만들어 시판 마요네즈와 그 특징을 비교한다.

[재료 및 분량]

표준재료	비교재료
달걀 노른자 2개분 식용유 1/2C 식초 (1ts + 2ts) 식염 (1ts) 설탕 (1ts) 겨자 (1/4ts)	전란 1개분 시판품

[방 법]

1. bowl에 난황, 식염, 겨자를 넣고 잘 저어 백색을 띄면 식초 1ts를 첨가하여 잘 혼합한다. 기름 1/2C 을 조금씩 넣으면서 젓다가 걸죽해지면 식초 2ts와 설탕을 넣고 계속 저어준다.- A
(기름은 아주 조금씩 천천히 계속 저으면서 넣어야 함)

2. 1과 같은 방법으로 하되 전란을 사용한다. - B
3. 각각의 마요네즈를 시판품과 함께 비교 평가한다.

[결 과]

시 료	처리방법	관 능 검 사				
		색	정도	맛	유화상태	전반적인 바람직성
A	난 황					
B	전 란					
C	시판품					

※ 평가는 순위를 매긴다.

[고 찰]

제 09 장

유 지 류

유지란 지방산과 글리세롤로 구성된 트리글리세라이드의 혼합물로 융점에 따라 고체의 지방(fats)과 액체의 기름(oils)로 나뉜다. 탄수화물, 단백질과 함께 3대 영양소 중의 하나이며 가장 높은 열량 에너지원이고 피하조직과 세포막을 구성하고 장기의 보호 작용을 하는 등 생체에 중요한 역할을 한다.

유지는 동물의 지방조직, 내장, 공격, 식물의 종질 등에서 얻을 수 있으며 필수지방산의 급원이고 지용성 비타민 A, D, E, K의 이용률을 높여준다. 또한, 식품의 풍미를 더해주고 식품을 가열하고 튀길 때 이용되며 제과 제빵 시 촉감과 맛을 좋게 하고 gluten의 망목을 짧게 해서 연화시키는 작용을 한다.

튀김용 유지는 액상의 식물성 기름이 많이 사용되고 있는데 고체지방이라도 가열하면 액체가 되기 때문에 우지나 돈지도 사용된다. 그러나 고체지방은 식었을 때 입의 촉감이 나쁜 단점이 있다. 버터나 마가린은 특별한 경우를 제외하고는 튀김용으로 잘 사용하지 않는다. 보통기름의 사용온도는 150~190℃정도에서 단시간에 완료되기 때문에 비타민과 기타의 영양 손실이 적다.

튀김은 재료의 표면이 먹음직스런 색이면서 그 중심부는 먹을 수 있는 상태가 되어야하므로 튀기는 온도와 시간은 튀김의 종류와 식품의 성분, 크기 등에 따라 달라져야 한다. 일반적으로 전분식품은 호화에 시간이 걸리므로 비교적 저온에서 장시간 가열하고 단백질 식품이나 이미 가열된 식품은 고온에서 단시간 가열한다.

튀김옷은 재료의 선도와 함께 음식의 맛에 영향을 준다. 튀김옷의 역할은 풍미의 손실을 막으면서 아삭하고 가벼운 texture가 되도록 하는데 있다. 밀가루는 글루텐이 적은 박력분이 적당하며 물만으로 용해하는 것보다 물의 ⅓을 달걀로 대치하면 맛도 좋고 튀김용적도 커진다. 달걀은 물에 잘 녹기 때문에 밀가루를 넣었을 때 물 만으로 하는 것보다 글루텐 형성이 덜되고 옷이 탈수할 때 다소 팽화하면서 응고하여 적당한 수분을 가져 제품의 촉감이 좋다. 만일 물만을 사용할 때는 밀가루에 0.2%의 중조를 넣고 혼합하면 탄산가스가 발생하는 것과 동시에 수분도 많이 증발하여 튀김옷의 수분도 적어진다.

빵가루를 묻혀 튀길 때에는 빵가루의 수분이 적어지기 때문에 타기 쉽다. 그러므로 단시간 가열로 열이 전달되기 쉬운 어류를 튀기거나 이미 가열한 재료를 사용하는 크로켓 등에 적합하다.

실험 1. 튀김옷의 여부에 따른 튀김의 특성

[목 적]

감자, 고구마 등의 튀김을 할 때 튀김옷의 유무에 따라 어떤 차이가 나는지 관찰한다.

[재료 및 분량]

감자, 고구마

밀가루1C , 계란1개, 찬물1C , 튀김기름, 온도계

[방 법]

1. 감자와 고구마의 껍질을 벗기고 0.5㎝정도의 두께로 썬다.
2. 밀가루 1C에다 계란 1개를 잘 푼 후 찬물 1컵정도에 소금 1ts을 넣어 반죽 물을 만든다.
3. 튀김냄비에 기름을 부어 170℃가 될 때까지 가열한다.
4. 썰어진 감자, 고구마 한 조각의 각각의 무게를 재고 기름에 넣어 튀긴다.-A

   이때 완전히 익을 때까지 걸리는 시간을 재고 튀긴 후의 중량을 잰다.
5. 썰어진 감자, 고구마의 각각의 무게를 재고 튀김옷을 입혀 튀긴

다.-B

이때 완전히 익을 때까지 걸리는 시간을 재고 튀긴 후 튀김옷을 벗겨서 각각의 무게를 잰다.

6. 중량을 비교하고 튀김옷의 역할을 알아본다.

[결 과]

시 료	처리방법	튀긴시간 (분)	생중량 (g)	튀김후의 중량(g)	튀긴후의 결과	
					색	맛
감 자	A					
	B					
고구마	A					
	B					

[고 찰]

튀김옷의 효과

실험 2. 첨가 유지의 종류에 따른 스폰지케익의 특성

[목 적]

첨가하는 기름의 차이에 따른 스폰지케익의 특징을 비교한다.

[재료 및 분량]

표준재료	비교재료
밀가루 1C , 달걀 6개 흰설탕 1C , 우유 4T 버터 20g	마가린 20g, 식용유 20g (올리브유)

[방 법]

1. 밀가루를 체로 3회 친다.
2. 계란을 난백과 난황으로 나누어 난백을 보울에 넣어 거품기로 어느 정도 거품을 만든 후 설탕1C을 2-3회로 나누어 거품을 낸다. 난황에 분량의 우유와 버터를 넣고 잘 저어준다.-A
3. 이들 재료에 체에 친 밀가루를 가볍게 섞어 기름을 바른 팬에 반죽을 붓는다. 팬에 5~6회 바닥에 쳐서 고르게 분포하도록 한다
4. 170℃로 10분정도 예열해 둔 오븐에 넣고 30분간 굽는다.

5. 오븐에서 꺼내 20분간 방치 후 케익의 높이, 경도 및 촉감, 기공의 크기, 맛 등을 비교한다.
6. A와 같이 만들되 버터 대신 마가린20g을 넣는다.-B
7. A와 같이 만들되 버터 대신 식용유(올리브유)20g을 넣는다.-C

[결 과]

시 료	처리방법	케익의 높이	촉 감	기공의 크기	맛
A	버터 20g				
B	마가린 20g				
C	식용유 20g				

[고 찰]

첨가기름의 종류에 따른 특성

제 10 장

과일 및 채소류

과일류 및 채소류는 식물의 꽃, 잎, 줄기, 뿌리 열매의 식물전체나 일부분이 식용되고 있다. 전 세계적으로 800여종 이상이 되고 비타민과 무기질의 공급원으로 천연의 아름다운 색과 맛, 향미를 가지고 있어 식욕을 증진시키고 영양적으로도 중요한 역할을 한다.

과일류는 과육의 발달 형태에 따라 다음과 같이 분류하고 있다.

- **인과류(pomaceous fruit)** : 배나 사과와 같이 중앙부에는 과심이 있고 그 안에 종자가 있으며 과육이 잘 발달되어 있다.
- **핵과류(stone fruits)** : 살구, 매실, 복숭아, 자두 등과 같이 내과 피가 단단한 핵을 이루고 그 중에 종자가 들어있으며 중과피가 과육을 이루고 있다.
- **장과류(berries)** : 딸기, 포도, 바나나 등과 같이 하나의 과실이 하나의 자방으로 된 것으로 과육이 두꺼운 주머니형으로 되고

육질이 부드럽다.

- **견과류(nuts)** : 밤, 호도 등과 같이 외과피가 아주 단단하고 식용 부위는 두류나 곡류의 성질을 가진다.

채소류는 식용부위에 따라 다음과 같이 분류한다.

- **엽경채류** : 배추, 양배추, 시금치, 상치, 쑥갓, 미나리, 샐러리 등과 같이 줄기나 잎을 이용하는 채소이다.
- **근채류** : 무, 당근, 파, 양파, 연근, 토란, 우엉, 마, 감자 등과 같이 뿌리를 이용하는 채소이다.
- **과채류** : 참외, 수박, 오이, 가지, 호박, 고추, 토마토 등과 같이 초본 식물의 열매를 식용으로 하는 채소이다.

과일과 채소의 색은 클로로필(chlorophyll), 카로티노이드(carotenoid), 플라보노이드(flavonoid), 안토시아닌(anthocyanin) 등의 색소를 가지고 있어 아름다운 색을 주어 식욕을 돋구어 준다. 클로로필은 엽록소로서 녹색색소이고, 카로티노이드는 등황색을 나타내며 때로는 분홍색과 적색을 나타낸다. 안토시아닌은 적색, 자색 및 청색을 나타내며, 플라보노이드는 백색 내지 무색을 나타내는 색소이다.

클로로필은 지용성색소로 물에 녹지 않으나 산이나 알카리 또는 가열에 의해서 변색되는 일이 많다. 엽록소가 존재하는 녹색채소에는 엽록소를 분해하는 효소인 클로로필라아제(chlorophyllase)가 존재하여 그 효소의 최적온도인 75~80℃에 달하면 엽록소에서 피톨

이 제거하여 클로로필라이드(chlorophyllide)가 형성된다. 크로로필라이드는 청록색으로 수용성이다. 따라서 클로로필은 지용성이나 물에 데치면 수용성인 클로로필라이드가 침출되어 조리수를 푸르게 물들인다.

산용액 내에서 가열하면 클로로필의 분자내에 존재하는 Mg이온은 수소이온과 쉽게 치환되어 퇴색된 녹갈색인 '페오피틴a' 나 '페오피틴b' 가 된다. 즉 페오피틴이 되어 황갈색으로 변화시킨다.

카로티노이드는 물에 녹지 않는 지용성색소이며 녹색채소의 엽록체에 엽록소와 함께 존재한다. 카로티노이드 색소는 당근, 고구마, 노란 호박뿐만 아니라 푸른색 채소에도 들어있다. 카로티노이드 색소는 알카리에 의해서는 거의 영향을 받지 않으나, 산이나 가열에 의해서 이성화하여 등황색이 더 진해지기도 한다.

앵두, 포도, 자두, 복숭아 등의 과일과 홍당무, 자색 양배추, 가지 등 채소의 적·자색은 안토시아닌계 색소이며 액포 중에 존재한다. 수용성인 이색소는 산에 안정하여 색자체를 더욱 선명하게 유지하나 알카리나 금속과 반응하면 적색은 자색으로 변하고 점차 변색이 진행되면 청색과 녹색으로 변한다. 그러나 이 반응은 가역적이므로 식초나 기타 유기산이 많은 식품과 조리하면 다시 적색으로 환원된다.

적색 채소를 조리할 때는 조리수를 소량 가하고 뚜껑을 덮는 것이 바람직하다. 또 색의 안정을 위해 식초나 레몬즙을 가할 수도 있다.

백색 채소에는 안토잰틴(anthoxanthin)색소가 함유되어 있다. 안토잰틴은 플라본, 플라보놀, 플라보논을 총괄하여 부르는 이름이다. 안토잰틴은 거의 무색이거나 담황색이며 수용성이다. 이 색소는 감자, 쌀, 양파와 같은 백색 채소나 과일에 단독으로 존재하기도 하지만 안토시아닌과 함께 존재하기도 한다. 그리고 이 색소는 자연계에 가장 널리 분포되어 있어서 이 색소를 함유하지 않은 식물은 거의 없다. 이 색소는 물에 쉽게 녹으나 백색이므로 눈에 띄지 않는다. 산에는 안정하나 알카리와 반응하면 노르스름하게 된다. 플라보노이드 색소계 채소를 오래 가열하면 백색이 갈색으로 변색 될 때가 있는데, 이는 채소 내의 황과 철이 플라보놀과 반응하기 때문이다. 그러므로 백색 채소의 조리는 섬유소가 연해지면 가열을 중지하도록 하고 극히 소량의 산을 조리수에 첨가하면 백색을 선명하게 유지할 수 있다.

실험 1. 녹색채소의 데치기

[목적]

녹색채소를 데칠 때 가열시간과 물의 양, 찬물에 담그는 것의 관계가 어떤지를 알아본다.

[재료 및 분량]

시금치 250g

쑥갓 100g

[방법1] - 물의 양의 차이 실험

1. 시금치를 각각 50g씩 2개로 나누어 놓는다.
2. 물을 냄비에 200㎖(A)와 600㎖(B)를 각각 넣고 끓인다.
3. 물이 끓기 시작하면 각각의 냄비에 시금치를 넣고 1분간 넣고 끓인 후 꺼내어 냉수에 헹군 후 건져서 시금치의 색을 비교하고 냄비의 물을 비교한다.

[방법2] -끓이는 시간의 차이에 관한 실험

1. 시금치와 쑥갓을 각각 100g을 재어 놓는다.
2. 냄비에 물을 600㎖를 넣고 끓인다.

3. 넣은 후 1분, 3분, 5분이 될 때마다 시금치와 쑥갓을 조금 씩 꺼내어 냉수에 헹구어 건져 놓는다.
4. 시금치와 쑥갓의 색과 질감을 비교한다.

[방법3] - 데친 후의 처리에 관한 실험

1. 시금치를 100g을 준비한다.
2. 냄비에 600㎖의 물을 넣고 끓인다.
3. 시금치를 넣고 1분 후 꺼내어 반은 즉시 찬물에 헹구어 건진다.-A

   반은 냄비에서 건져 그대로 접시 위에 놓는다.-B
4. 10분 후 각각의 것을 색과 질감을 비교하여 본다.

[결과]

실험 1

재 료	물의 양	시금치의 색	물의 색
시금치	200ml		
	600ml		

실험 2

재 료	끓이는 시간	색	질 감
시 금 치	1분		
	3분		
	5분		
쑥 갓	1분		
	3분		
	5분		

실험 3

재 료	데친 후 처리	색	질 감
시금치	냉 수		
	그대로		

〔고 찰〕

실험 2. 채소의 색소 변화에 관한

[목 적]

채소를 조리할 때 클로로필, 카로틴, 안토시아닌, 플라보노이드의 색소들이 조리수의 pH의 차이에 따라 어떻게 변화되는지를 알아본다.

[재료 및 분량]

시금치 200g

당근 200g

적채 200g

양파 200g

조건의 재료- 소금 1ts, 식초 5㎖, 중조 ½ts

[방 법]

1. 각각의 채소를 50g씩을 깨끗이 씻고 모든 재료를 적당한 크기로 고르게 썬다.
2. 냄비에 넣고 물을 100㎖씩 붓고 아래의 조건별로 첨가물을 넣고 pH를 잰다.
3. 물이 끓으면 채소를 각각 종류별로 50g씩을 넣고 3분간 끓인다.
4. 채소를 건져서 채소의 색과 질감의 변화를 관찰한다.

[결과]

구 분	처리방법	물의 pH	질 감	색
시금치	첨가물없음			
	소금 1ts			
	식초 5mℓ			
	중조 $\frac{1}{2}$ts			
당근	첨가물없음			
	소금 1ts			
	식초 5mℓ			
	중조 $\frac{1}{2}$ts			
적채	첨가물없음			
	소금 1ts			
	식초 5mℓ			
	중조 $\frac{1}{2}$ts			
양파	첨가물없음			
	소금 1ts			
	식초 5mℓ			
	중조 $\frac{1}{2}$ts			

[고 찰]

실험 3. 함황 채소의 가열에 의한 변화

[목 적]

유황(S)을 함유한 채소류가 가열에 의해 어떠한 변화가 일어나는지를 관찰한다.

[재료 및 분량]

마늘 30g

양파 50g

[방 법]

1. 재료를 씻은 후 얇고 일정하게 썬다.
2. 각각의 재료를 10g씩은 그대로 두고(A), 다른 것은 후라이팬을 가열하여 달구어지면 각각의 재료를 넣고 1분 후 약간 꺼내고(B) 3분 후 꺼낸다(C).
3. 각각의 것을 식혀 맛과 향, 질감, 색을 비교한다.

[결 과]

재 료	시 료	처리방법	향	조 직 (질감)	색	맛
마 늘	A	생 것				
	B	1분간 가 열				
	C	3분간 가 열				
양 파	A	생 것				
	B	1분간 가 열				
	C	3분간 가 열				

[고 찰]

제 1 장 1

한천 및 젤라틴

한천은 홍조류 중 우뭇가사리 등을 일광에 표백한 후 0.01%의황산 또는 0.03%의 초산을 넣고 삶아서 점액을 채취하고 이것을 식혀서 고형화하여 동결시킨 후 행동하여 건조시켜 만든 것이다. 갈락토오스와 그 유도체로 구성되는 복합다당류로서 약 70%의 아가로오스(Agarose)와 약30%의 아가로펙틴(Agaropectin)으로 구성되어 있다. 소화되지 않는 복합당질이므로 저칼로리식으로 이용되며 우유나 유제품, 청량음료, 과자류 및 빵의 안정제로 사용되고 푸딩이나 젤리 등의 재료로 사용된다.

한천은 먼저 물에 담가서 불린 다음 끓여서 녹이는데 이 때 가열하는 시간에 따라 젤리의 농도가 다르다. 설탕 첨가는 강도를 높이는 작용을 하고 산이나 우유를 첨가하게 되면 강도를 약화시킨다.

젤라틴은 동물의 뼈나 가죽의성분인 collagen을 가수 분해시켜 얻는 것으로 정제과정을 거쳐 유해물질을 제거하고 산, 색소, 향료, 설탕 등을 첨가하여 가공한 것이 젤라틴이다. 동물성 단백질이기는 하지만 필수 아미노산의 함량이 적어서 생물학적 영양가는 낮다. 젤라틴은 흡수성이 매우 크며 흡수 속도는 가루로 된 것이 판이나 덩어리로 된 것보다 흡수면적이 크므로 더 빠르다. 불리는 데는 30~60분 정도 걸리며 팽윤된 젤라틴은 30~35℃정도로 가열하면 녹는 성질이 있다. 산의 첨가는 젤라틴을 부드럽게 응고시키는 성질이 있으나 과량 첨가하면 응고를 방해할 수도 있으므로 산이나 과즙을 첨가할 때는 젤라틴의 농도를 높여야 한다. 설탕은 응고를 도와주는데 과량의 설탕은 응고를 방해하고 우유는 물보다 더 단단하게 응고된다. 이러한 젤라틴은 후식으로 이용되는 젤리나 아이스크림 등에 유화제로 이용되고 족편 등의 응고제나 샐러드 등 주로 후식용 음식에 다양하게 이용된다.

실험 1. 과즙을 이용한 한천과 젤리의 품질비교

[목 적]

젤리의 만드는 법을 익히고 과일의 종류를 달리하였을 때의한천 및 젤라틴으로 만든 젤리의 품질을 비교하여 본다

[재료 및 분량]

오렌지(귤) → 제철의 과일 1C

흰설탕 1C

물 1C

한천 , 젤라틴 적당량

[방 법 1]

1. 더운물에 한천을 넣고 30분이상 불린 후 설탕을 넣고 30분간 가열한다.(약한불에서 은은하게)
2. 오렌지 제철의 과일을 쥬서기에 갈아 즙이 1C이 나오게 한다.
3. 끓인 한천액이 식어서 60℃(따뜻한 정도) 정도가 되면 과즙 1C을 넣고 잘 섞어준다.
4. 물에 적신 젤리틀에 부어서 20℃에서 굳힌다.(냉장고 이용 가능)

5. 응고가 될 때까지의 시간을 측정하고 맛과 질감을 비교한다.

[방 법 2]

1. 젤라틴을 5분간 냉수에 불린다
2. 끓은 물을 부어 저어가며 녹인다
3. 젤라틴 녹인 것에 설탕을 넣어 녹이고 얼음물에 담가 식혀서 주스를 넣는다
4. 물에 적신 젤리틀에 부어서 20℃에서 굳힌다.(냉장고 이용 가능)
5. 응고가 될 때 까지의 시간을 측정하고 맛과 질감을 비교한다.

[결 과]

한천/젤라틴	응고시간(분)	투명도	맛	질감
한천				
젤라틴				

〔고 찰〕

제 12 장

당 류

당류는 감미의 기능 외에도 종류별로 기능성을 가지게 된다. 설탕용액을 어느 온도에서 포화상태로 만든 후 냉각하면 용액은 과포화상태가 된다. 이 때 설탕 입자를 용액에 넣어주면 결정을 이룰 핵이 형성되고 과포화 된 과량의 설탕이 핵주위로 자라게 되어 결절 크기가 커진다. 이를 이용해서 만든 대표적인 결정형 캔디로는 폰당이 있고 비결정형 캔디로는 캐러멜이 있다.

그 외 설탕을 주재료로 한 조리 제품에는 젤리 등이 있다.

1. 폰당(fondant)

흰 크림색이 나는 부드러운 미세한 결정형 캔디이다. 설탕용액은 가열에 따라 농도가 진하게 되고 진한 설탕용액은 온도를 낮추면 과

포화상태가 되고 젓기 등의 자극에 의해 결정이 다시 형성되는데 이것이 폰당이다.

가열온도가 높을수록 단단한 폰당이 되고 또 용액의 농도가 높으면 불에서 내린 즉시 저어도 곧 과포화상태가 되므로 결정화가 단시간에 이루어지고 그 결정은 크고 단단해진다.

거품 낸 난백을 첨가하거나 버터, 초코렛, 우유 등은 결정방해 물질로 이러한 물질들은 핵과 용질 사이에 끼어서 용질이 핵위에 붙는 것을 방해하여 부드러운 텍스쳐를 제공하고 향미도 증진된다.

2. 캐러멜

설탕을 160℃이상으로 가열하면 분해가 일어나 착색물질을 생성하는데 이것이 캐러멜이다. 캐러멜은 과자, 간장, 소스, 흑맥주 등의 착색료로 이용되는데 풍미에도 중요한 역할을 한다. 캐러멜은 pH 2.3-3.0일 때 착색 이 제일 적게 되며, pH가 높을수록 착색이 증가하여 pH5.6-6.2가 되면 완전히 착색된다.

3. 시럽(syrup)

시럽은 농후한 설탕용액으로 만드는 법은 설탕과 물을 동량으로 열을 가하여 103℃로 가열한 것으로 화전, 주악, 핫 케잌등에 이용된다.

4. 젤리(jelly)

펙틴(pectin)에 산과 설탕을 넣고 가열하면 젤리상으로 된다. 이것을 이용한 것이 잼(jam)과 마아말레이드(marmalade)이다. 이러한 젤리 형성은 산의 pH 3.0~3.5, 펙틴1%, 설탕60~70%정도의 적당한 비율이 필요하다.

실험 1. 설탕용액의 가열효과

[목 적]

설탕 용액의 가열 온도에 따른 냉수실험(cold water test)에서의 굳기의 정도, 색, 맛 등의 변화를 알아본다.

[재료 및 분량]

황설탕 100g

물 50㎖

[방 법]

1. 비이커에 설탕 100g과 물 50㎖를 넣고 설탕이 완전히 녹을 때까지만 저어주면서 가열한다.
2. 계속 열을 가하면서 온도계를 사용하여 10℃간격으로 110℃에서부터 180℃까지의 설탕용액을 접시에 한 방울씩 떨어뜨리고 또 냉수에 넣어 떨어지는 모양을 관찰한다.
3. 설탕 용액이 식으면 형성된 설탕 덩어리가 실 형태인지 soft ball 형태인지 부숴지기 쉬운 상태인지를 관찰하고 손가락으로 비벼 본다.

[결 과]

온도 \ 항목	단단한 정도	색	맛	냉수실험결과
110(℃)				
120(℃)				
130(℃)				
140(℃)				
150(℃)				
160(℃)				
170(℃)				
180(℃)				

[고 찰]

온도상승에 따른 차이와 적정온도

실험 2. 저을 때의 온도 및 난백의 첨가에 따른 Fondant의 특성

[목 적]

폰당 제조 시 저을 때의 온도와 난백의 첨가여부에 따른 fondant의 특징을 비교 관찰한다.

[재료 및 분량]

흰설탕 150g

물 75 mℓ

난백 1개분

[방 법]

1. 작은 냄비에 설탕 150g과 물 75mℓ를 넣고 약한 불로 가열하여 113-115℃가 되면 불을 끄고 3등분하여 세 개의 사발에 나누어 놓는다. 그 중 하나는 즉시 나무 주걱으로 젓는다. 이때 폰당이 될 때까지 저어준 시간을 잰다.-A
2. 식은 후 40℃로 냉각시킨 후 나무주걱으로 젓고 폰당이 될 때까지 저어준 시간을 잰다.-B
3. 40℃로 냉각 시킨 후 거품낸 난백 1개분을 넣고 나무 주걱으로

젓고 시간을 잰다.-C

4. 각각의 폰당의 색, 결정상태, 부드러운 정도, 입안에서의 감촉 등을 비교한다.

주의: 1. 약한불로 해야 한다.
2. 가열 중 냄비의 가장 자리에 형성된 결정을 제거할 때에는 젖은 행주를 이용해야하고 시럽속에 온도계를 넣고 온도를 볼 때 저어주면 안된다. 젓는 동작은 결정을 형성하게 한다.
3. 젓는 그릇의 표면이 매끄러워야 한다.

[결 과]

시 료	처리방법	저어준 시간	결정상태	촉 감	맛
A	113～115℃에서 젓기				
B	40℃ 냉각 후 젓기				
C	40℃ 냉각 후 난백 첨가 후 젓기				

〔고 찰〕

제 13 장

차

차는 차나무의 어린 잎을 따서 건조시켜 만드는 음료로서 차의 원산지는 중국과 인도이다. 세계적으로 차를 많이 생산하는 지역은 인도, 스리랑카, 중국, 인도네시아, 일본 등이며, 중국의 차생산량은 세계 생산량의 $\frac{1}{2}$을 차지한다.

찻잎은 연중 여러 달 동안에 걸쳐 딸 수 있으나 봄부터 초여름까지 딴 것이 늦여름부터 가을에 딴 것보다 좋은 차를 만들 수 있다. 차의 등급은 찻잎을 따는 시기뿐만 아니라 찻잎의 위치와 크기에 따라서도 정해지는데, 가지의 끝에 달린 아직 열리지 않은 새순이 최상급의 품질이고, 찻잎의 크기가 클수록, 가지의 아래로 갈수록 품질이 저하된다.

녹차는 차 잎을 증기 또는 화열로 가열하여 차 잎의 효소를 불활성화시켜 산화를 방지하고 고유의 녹색을 보존시킨 차이고, 우롱차는 차 잎을 햇볕에 쪼여서 다소 시들게 하여 잎 성분의 일부를 산화시켜 방향이 생긴 후에 볶은 반발 효차로 향미는 녹차와 홍차의 중간이다. 홍차는 차 잎을 시들게 하여 잘 문질러서 잎 속에 들어있는 산화효소의 작용으로 잎 성분의 산화를 일으켜 말린 차이다.

맛있는 차를 만들기 위해서는 향미성분은 최대로, 쓰고 떫은 맛의 폴리페놀 물질은 최소로 용출되도록 해야 한다. 폴리페놀 물질은 특히 떫은 맛을 내는데, 사용하는 물과 기구, 원료, 가열온도 등에 따라 맛이 달라진다.

물은 연수(soft water)가 좋고, 물을 끓이는 기구는 금속성인 것보다 유리나 도자기 또는 에나멜로 된 것을 사용하면 보다 맛있는 차를 얻을 수 있다. 물은 즉시 끓인 것보다 약간 식힌 것(85~93℃)을 사용하면 차 속에 들어있는 휘발성인 방향성 물질의 손실을 줄일 수 있으므로 향기가 높은 차를 얻을 수 있다. 차의 탄닌을 최소한도로 우려내고 방향성 물질을 최대로 우려내기 위하여 차를 오래 담가 두기 보다는 찻잎이나 홍차가루를 넣고 2~3분 정도만 우려내는 것이 좋다.

<표> 여러 가지 찻잎 추출물의 카페인, 탄닌함량

종　　류	카페인(%)	탄닌(%)
자바 홍차	2.7~4.4	6~20
일본 녹차	2.0~3.3	4~12
중국 홍차	2.0~3.7	5~10
우롱차	3.2~3.7	12~23
인도 홍차	2.0~3.0	6~10

실험 1. 차의 종류와 침출시간에 따른 차의 풍미

[목 적]

일반적으로 많이 음용하는 차의 종류와 차의 침출 시간에 따른 풍미의 영향을 비교 관찰한다.

[재료 및 분량]

녹차 2잔 분량

우롱차 2잔 분량

둥글레차 2잔 분량

[방 법]

1. 찻잔을 미리 더운 물로 덥혀 놓는다.
2. 물을 끓인 후 80℃로 식혀서 각 차의 종류 별로 하나는 2분간 다른 하나는 5분간 뚜껑을 덮어둔다.(티백2개 + 물1C)
3. 차의 종류와 침출시간을 달리한 시료들의 색과 맛, 향의 순위를 매긴다.

〔결 과〕

차의 종류	침출시간(분)	색	맛	향
녹 차	2분			
	5분			
우롱차	2분			
	5분			
둥굴레차	2분			
	5분			

〔고 찰〕

찾 아 보 기

조 리 원 리 및 실 험 실 습

(정가 12,000원)

2009년 2월 20일 인쇄
2009년 2월 28일 발행

저 자 : 김영인
김나영 공저
한경선

발행인 : 신 동 수

발행처 : 도서출판 신 성

주 소 : 서울시 동작구 흑석1동 207-6
전 화 : 814-7655. FAX : 812-7109
등록일자 : 1989년 10월 27일 등록번호 : 14-85호